中央文史研究馆馆员 著述

༄༅། །མཛའ་མཐུན་གྱི་བདེན་དཔང་།

见证亲密

纪北京承德两市带藏文的石碑和藏式建筑

舒　乙　著文／摄影

民族出版社

目录

京城十五块有藏字的石碑

我没有想到北京会有这么多有藏字的石碑，完全没有想到。用了一个半月的时间，我刻意做了一番调查，逐一寻访了北京城内刻有藏字的石碑，结果让我大吃一惊：我一共找到了十五块！

一、九大特点

观察下来，这十五块藏字碑居然有相当多的共同点，宛如独特的一组。我总结了一下，大概有以下九个特点：

（一）都在北京城内和近郊，远处的姑且不算，像密云境内的番字碑和长城居庸关云台里的石刻都不算，这里指的是位于北京中心区内的，其位置显赫，是在首都的核心区位上的。

（二）是十分规范的藏文，处在完全和汉文、蒙文、满文同等的地位，是地地道道的主体文字之一。

（三）都是皇帝的御笔，主要是乾隆皇帝的，是他亲自撰写的重要文章或题词的藏文翻译石刻，和汉文、蒙文、满文并列，属于高等级的重要文献，最晚的距今也有230年了，都是18世纪中期的遗物。

（四）有不少涉及西藏的内容，强调西藏是我中华不可分割的一部分，强调重视喇嘛教的历史意义，强调西藏黄教领袖们和中央政权的密切关系。今日看来，都有巨大的史料价值和现实意义，关键是它们都在北京啊。

（五）字刻得庄重，碑体体形硕大，石料优良，雕工精细，多数配有非常漂亮的碑亭，而且保存完好，字迹差不多都很清晰，堪称一批难得的精美艺术品。

（六）分布在著名的皇家园林和寺庙里，遍布在北海、颐和园、香山、碧云寺、黄寺、雍和宫、万寿寺、实胜寺等八处，落点考究，具有典型性和代表性，覆盖面大，涵盖性强。

（七）多数是历经劫难而保留下来的珍贵文物，所在的皇家园林有的完全毁于英法联军战火，有的相继毁于英法联军和八国联军的破坏，园林已成一片废墟，只有这些大石碑逃过了劫难，傲然挺立至今，成了那一段历史的永恒不灭的载体，依然雄伟地耸立在那里，维系和传承着中华文化的经脉，因为它们是石头的。

（八）这些石碑才情并茂，有的还是图文并茂，内容重大，艺术精湛，装帧精巧，做工细腻，浑然是些大块头的艺术品，是极好的欣赏对象，可以驻足细看，可以凭吊深思，可以留连再三。

（九）其价值远远未被挖掘出来，有的没有立解说牌子，有的没有必要的保护措施，有的没有开放，更没有形成一个专门的系列，总之，对其内涵和客观存在缺乏应有的判断，没有认识到这是一组极重要的涉及祖国统一大业的“国宝”，完全有必要刻不容缓地把它们挖掘出来，刻意地指明它们的政治价值、史料价值和艺术价值，形成一组特殊的、专门的、不可替代的爱国主义活教材和维系祖国统一大业的伟大历史见证。

二、黄寺中为六世班禅立的碑

六世班禅四岁时，于乾隆四年（1739），被认定为转世灵童，并在后藏日喀则市的扎什伦布寺坐床。七世达

赖圆寂后，六世班禅曾为幼年的八世达赖喇嘛强白嘉措剃度受戒，并成为后者的老师，实际成为西藏地方政府的首领，并公认为当时藏传佛教格鲁派的领袖，在藏区和蒙古诸部享有崇高威望。在乾隆三十年（1765），清政府特向他颁赐了金册和金印，用汉、满、蒙古、藏四种文字镌刻“敕封班禅额尔德尼之印”。他是一位有政治远见的宗教领袖，他对清政府于乾隆十六年（1751）拟定的《西藏善后章程》表示欢迎和拥护，后者是一份关于西藏政体改革的法律，其核心是避免藏王独揽西藏大权，而将政权交由四名噶伦组成的噶夏西藏地方政府，噶伦人选由达赖喇嘛和中央驻藏大臣商定，报清政府批准。这种政策有助于增强中央政府对西藏的管辖权威。六世班禅注意到英国殖民主义者此时有意插手西藏，果断拒绝藏人和英方成立某种联盟的要求，坚持西藏是中国的领土，不准英人以后再来西藏。他的立场得到了乾隆皇帝的赞赏。乾隆四十三年（1778），六世班禅为了国家的统一和民族团结的大业，为了感激中央政府对西藏领导人的信任，主动决定进京参加乾隆皇帝七十大寿庆典，并于1779年6月17日率3000人起程，历经一年又一个多月，到达承德避暑山庄。乾隆皇帝为六世班禅的到来做了精心准备和周密的部署，特地在承德仿效扎什伦布寺建了须弥福寿寺，占地近六十亩，作为六世班禅的驻赐之地。“须弥福寿”就是藏文“扎什伦布”的汉译词，多么美丽的名字！乾隆皇帝自己还突击学习了藏语，准备和六世班禅用日常藏语直接交谈。六世班禅大师在承德参加了乾隆皇帝的七十大寿庆典的全部活动，由于在客人中他的级别最高，常常处在“代表者”的地位，领头向皇帝致颂词、念无量经、献珍宝书画，并给皇帝施无量佛大灌顶。六世班禅在承德待了一个多月，过得非常充实，得到乾隆皇帝大量赏赐。在离开承德前往北京的时候，他特意留下了随从的二十名后藏僧人向内地喇嘛传习后藏经律。他所有的活动都详细地记载于皇家档案《清高宗实录》和《六世班禅朝觐档案》中。

六世班禅抵达北京之前，乾隆皇帝早已为他装修好了北京安定门外的西黄寺，这里在顺治皇帝时曾成为五世达赖的驻京赐地。六世班禅的到来，使西黄寺再度辉煌。六世班禅到达后受到隆重接待。乾隆皇帝第一时间在南苑接见了他，并数次在紫禁城内会见他，多次隆重

赏赐礼物，并在保和殿赐宴，共赏满族舞蹈。六世班禅非常高兴和满意。他不辞劳苦连续走访北京各大寺庙，弘法传经。乾隆皇帝特意在香山静宜园内为六世班禅修建了藏式夏季驻赐地，命名为“宗镜大昭之庙”，简称“昭庙”，并决定亲自与六世班禅共同出席其开光大典。六世班禅在昭庙逗留了四天，做了大型法会。当年九月二十六日乾隆皇帝亲临西黄寺和六世班禅相见，并一起观看舞蹈。十月二十八日乾隆皇帝请六世班禅去雍和宫讲经说法，他自己出席并听讲。回西黄寺后，六世班禅被诊断出患天花。第二天乾隆皇帝亲自去西黄寺探视病情。十一月初一，六世班禅大师发高烧，乾隆皇帝再次亲临西黄寺，送貂皮大氅，并画了一幅《祈寿长椿图》，写了一道《写寿班禅圣僧赞》诗，为班禅大师祈寿。不料，十一月初二班禅大师在西黄寺圆寂，享年四十六岁。他的去世让乾隆皇帝极度悲伤和惋惜，曾三次亲临西黄寺吊唁，赐制灵棺、灵塔、灵龛，供养大师法体和衣冠。大师的法体舍利在西黄寺供养了一百天，启程护送返回后藏。皇帝下令用两年时间在西黄寺西侧为大师衣冠建造了一座精美庄严的衣冠灵塔，取名“清净化城塔”。这座宝塔现在保存完好，其造型、雕刻艺术均堪称是世界级的艺术

西黄寺清净化城塔《祈寿长椿图》碑细部，端头为《写寿班禅圣僧赞》诗，右起为汉、藏、蒙、满文。

西黄寺《清净化城塔记》碑
（1782 年）

精品。在宝塔的前方有两座乾隆皇帝的御碑，左方是将乾隆皇帝那张送给六世班禅的《祈寿长椿图》，刻在一块巨大石碑正面，石碑上方是汉、藏、满、蒙“四体文书”的《写寿班禅圣僧赞》诗。这块石碑图文并茂，正面画一棵大香椿树，象征春天，生机盎然，树下有石，有花草，有蒲公英等等，生动活泼，富有人情味儿，极为少见。右方是乾隆御制《清净化成塔记》石碑，立在巨大的赑屃上。正面是汉、满两种文字，背面是藏、蒙两种文字。文章高度评价六世班禅的功德，说他在大好时机到内地振兴黄教，让蒙古诸藩欣喜顶戴，倾心报国，内地人也奔走皈依，为“国家吉祥善事”，“成就无量功德”。

这两块石碑保存非常完好，皆立于乾隆四十七年（1782）十一月，距今已近230年，是极为重要的历史见证物，为祖国统一大业留下了重彩浓墨的一笔。

三、昭庙石碑和牌坊额头

看完西黄寺里班禅金塔前的两通石碑之后，一定要去香山看看那里的昭庙石碑，因为，它们仿佛是姊妹篇，

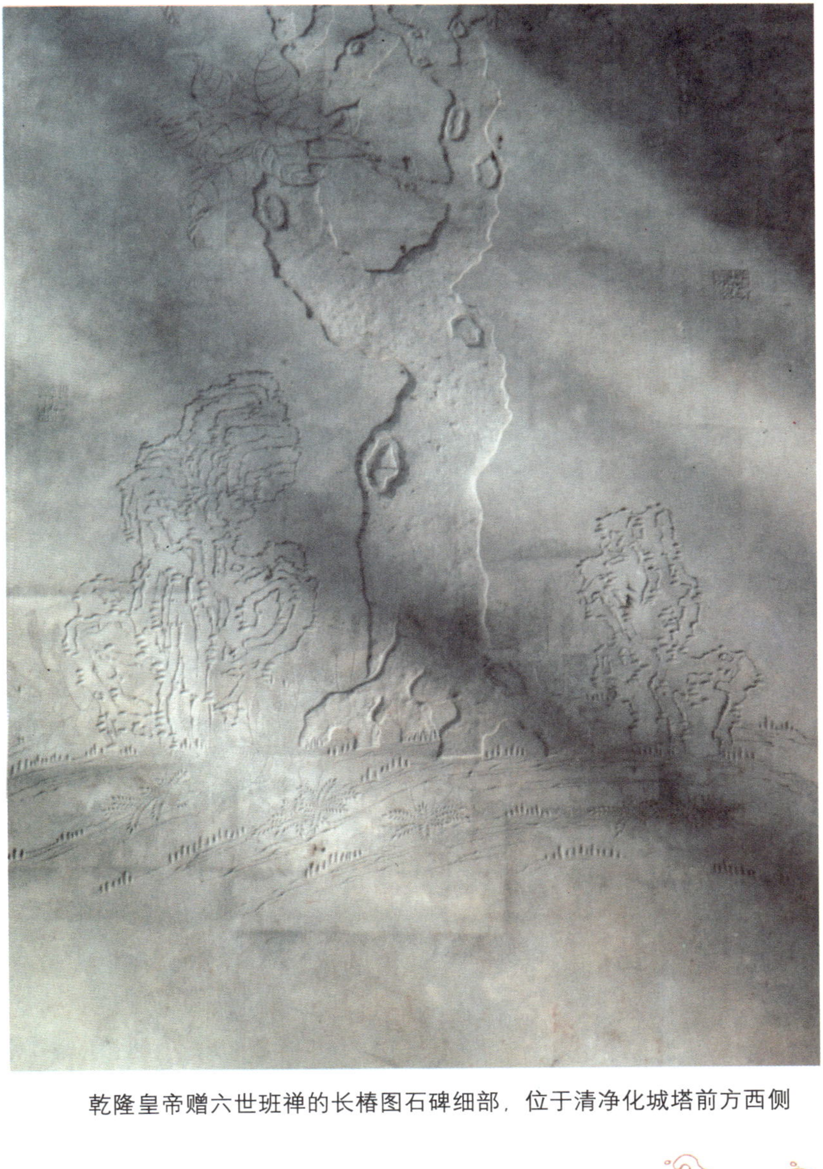

乾隆皇帝赠六世班禅的长椿图石碑细部，位于清净化城塔前方西侧

而且，昭庙的石碑是“姐姐”。

它们是为了同一件事而立的，那就是六世班禅的那次光彩的东行。

说昭庙的石碑是“姐姐”，是因为它是在六世班禅很健康的时候乾隆皇帝为他写的颂歌，43天之后，大师突然意外染上天花，在京圆寂，这样才有了西黄寺的衣冠金塔和那两块碑，后者见证了他的病情和圆寂，是祈寿和盖棺定论。

纵观历史，在所有的历世达赖和班禅大师中，受到的赞誉之高之盛莫过于记载在这块石碑上的，而且永垂不朽，十分了得！

所以，它应该并且必须得到高度重视。

而且，这种赞颂是站在国家的高度，纵观天下，以全中华的利益为出发点，关注国家的兴亡和社会的旺衰，从而由对一个人的重视扩展到全局，充分显示了大政治家眼光的锐利。

乾隆皇帝的《昭庙六韵》是这样写的：

昭庙缘何建　　神僧来自遐

因教仿西卫　　并以示中华

是日当庆落　　便途礼脱阁
黄衣宣法雨　　碧幛散天花
六度期群度　　三车演妙车
雪山和震旦　　一例普庥嘉

乾隆皇帝喜欢在自己的诗词中加注解说，刻石时注解的字比正文的字略小。在“因教仿西卫，并以示中华”之间，乾隆皇帝做了详细的解说，注解原文如下：“既建须弥福寺之庙于热河，复建昭庙于香山静宜园，以班禅远来祝厘之诚可嘉，且以示我中华之兴黄教也。是自谒陵至香山落成，班禅适居此庆落，又，昭庙尚卫地古式为之。卫者，番语谓中，俗谓之前藏。班禅所居后藏乃实名藏，藏者善也。”

昭庙石碑细部“以示我中华之兴黄教也”

香山《昭庙六韵》碑（藏文部分）1780年

答案一清二楚！

为什么班禅来时，乾隆皇帝要在热河建须弥福寺同时又要在北京香山建昭庙呢？目的有二：一是为了嘉奖班禅远道来给皇帝祝寿的诚意，二是为了显示“我中华之兴黄教也”。

看看，所有这一切，都是为了“我中华”！兴藏传佛教，是为了我全中华的利益！

最后一句“雪山和震旦，一例普庥嘉”里的“雪山”是西藏，“震旦”是中国，“一例”是一统，“庥”是庇荫，“嘉”是美好。

说得明明白白，西藏是我中华不可分割的一部分，共同庇护于一片美好的天地之中。

这块石碑不得了！

不过，这块石碑目前的处境并不好，远比西黄寺那两块“下篇”差。

昭庙毁于英法联军的破坏，目前除了外围墙、牌坊之外，其余是一片废墟，这块石碑目前是挺立在废墟之中的。它立在昭庙中一个单独的小院里，只是并没有明显的标志，好在离大门不远。从地面柱基上看，原来是

有碑亭的，现在，亭子没有了，石碑任凭风吹日晒，很是悲凉。

石碑是方碑，南面刻汉文，西面刻藏文，北面刻蒙古文，东面刻满文，汉文是乾隆的御笔。

香山昭庙遗址外墙

这块石碑亟待妥善保护，环境要整治，亭子要恢复，要立牌说明，要隆重介绍，以昭示天下。

昭庙外面的大琉璃牌坊居然神奇地完好无缺，可能因为它不可燃吧。这是北京境内最大最漂亮的一尊琉璃牌坊，本身就是个大艺术品。

香山昭庙琉璃牌坊

昭庙牌坊石额匾“慧照腾辉”，四种文体细部。

神来之笔是它的额匾上有藏文。这也是独一无二的。正面是“法源演庆”，背面是“慧照腾辉”。立于1780年，230年下来，依然清晰可见，难得，难得！因为额匾是石质的，一下子就增添了两块有藏字的石碑。

四、为一棵树立的碑

离昭庙不远，仍在香山公园境内，在今日的香山饭店和著名的“双清别墅”之间，有一座古庙的遗址，那就是“香山寺”遗址，里面存留着三件宝贝：一为“听法松”，是两株有千年树龄的依旧健壮的松树；二为《娑罗树歌》碑；三为乾隆皇帝自书自画的石屏。前两者都和植物有关，这很特殊，值得留意。

《娑罗树歌》碑极有情趣，特别有味道，是十五通有藏字的石碑中最具雅兴和最有品位的石碑，因为它是献给一棵树的。

香山寺娑罗树歌碑（藏文面）

极富现代意识！

奇怪的是，这块石碑很少被记载，许多资料里都无载，找不到有关的描述，怪冷淡的。

亏待了它！

这块石碑体量不是特别大，但形制不错，毕竟是皇帝的御碑，有特定的规格。

碑也是四方体的，南侧刻汉文，西侧刻藏文，北侧刻蒙古文，东侧刻满文。

诗文中说，三十年前乾隆皇帝自己来香山寺时，发现寺前有一株千年古树，很茂盛，是一株娑罗树。相传，释迦牟尼是在娑罗树下得道成佛的。所以佛庙中常有娑罗树。娑罗树的树叶呈七叶状。三十多年后，乾隆皇帝再来香山时又见此树，仍然繁茂。但乾隆皇帝自感奇怪的是，在这些年中，诗已写了几万首，竟没有一首是歌颂此树者，故而有此诗歌，刻在碑上，专门要歌颂它一番。

这种对植物的尊重，对大树的尊重，难能可贵，表达了一种不光是对佛，也是对大自然，对地球的爱护和亲善，非常符合佛教的普度众生的理念，也符合中国古典哲学中“天人合一”的思想。

而且是由皇帝本人作出了表率，树起了榜样，不简单！

我想，在今日，这块碑可以成为一个天赐的好标志物，永远要受到顶礼膜拜式的尊重和爱戴。

可惜，原树已亡，不知所终。今人在碑附近补种了几株小娑罗树，上面挂着牌子，叫它“七叶树”。

盼着它们快快长大吧，好和这块了不得的歌碑相匹配呀！

七叶树

五、北海的三座刻藏字石碑

北海北岸是藏传佛教皇家寺庙最集中的地方，一共有五座，依次由西北角向东数：小西天（又称“极乐世界”）、万佛楼、阐福寺、大西天经厂（又称“大圆镜智宝殿”）、西天梵境（又称“大西天”）。这五座喇嘛庙过去个个精彩，高大宏伟，辉煌灿烂，豪华壮丽。除了阐福寺和大西天经厂之间夹着一个“快雪堂”之外，北岸简直是一个庞大的喇嘛庙博物馆群。现在五座中仅有两座较为完整，它们是最东边的大西天和最西边的小西天。阐福寺主体和大西天经厂主体在1919年被袁世凯时期的一场大火烧掉。大西天经厂遗址后改为北海体育场，后又划出北海，成了另外一个单位。万佛楼于1975年被错误地拆除。阐福寺遗址和万佛楼遗址1979年被辟为北海植物园。只有万佛楼前的《万佛楼瞻礼》诗碑依然存在。

这组北岸建筑有三大特点：一是其中五分之三是乾隆时期为皇太后过生日而建；二是每组建筑前面都有漂亮而独特的“前脸”，建筑时间不同，但搭配合理，大西天前有琉璃牌坊，大西天经厂前有九龙壁，快雪堂前有铁麒麟影壁，阐福寺前有五龙亭，也是个个闻名天下；三是带藏文的石碑最集中，因为它们是藏传佛教喇嘛庙中的石碑。

《万佛楼瞻礼》诗碑是所有北京刻有藏文的石碑中最大、最漂亮、最有气派的一座。

万佛楼是乾隆皇帝为母亲八十大寿而建造的，头一年正值乾隆本人六十大寿，万佛楼有庆祝双生日的意思，所以万佛楼盖得极其讲究。万佛楼是一座三层的高大殿堂，底层有金佛4956尊，中层有金佛3048尊，两者均取八的倍数，寓意庆八十大寿。上层有金佛2095尊，取皇帝有“九五之尊”的典故，三层共有金佛10089尊，故名“万佛楼”。乾隆皇帝曾下令文武大臣和封疆大吏各造金佛一堂，大的金佛188两8钱，小的58两，也都扣八十大寿的含意，是集资而来的产物，前后用了十年的时间来征集。这一点乾隆石碑的文字中写得很清楚，叫做“数计万因资众举”。

可惜，这些金佛均被侵占北京的八国联军中的日本部队抢夺得一干二净。

万佛楼碑亦是方碑，体量很大，顶和基座硕大，雕

《万佛楼瞻礼》诗碑

工极其复杂，层次很多，不愧是一件大型石雕精品。

现在石碑已由万佛楼前原址移至小西天的南侧，靠近北海岸边。

碑南侧为汉文，西侧为藏文，北侧为蒙文，东侧为满文，字迹依然很清晰。从它目前所在位置上看，此石碑可能是参观人数最多的，其“四种文体”会给人们留下深刻印象。

北海北岸的第二块带有藏文的石碑在大西天的北部，即西天梵境的后院，现在这个后院是被隔离开的，没有对外开放，由北京市文物研究所占用。这座后院里有两件宝贝：一是高大雄伟的琉璃阁，二是七佛塔碑亭。

《万佛楼瞻礼》诗碑基础细部

七佛塔是一座非常有意思的塔，造型和内容都是堪称一绝的，天下没有第二份。它也是乾隆时期的文物，建于1777年。它是源于六世班禅进贡的七佛。“七佛”是怎么回事，乾隆皇帝闹不明白，问僧人也不知所以，最后询问了在京的总理蒙古喇嘛教教务的国师查嘉大师，又查阅了多部佛经，才考证出来。原来佛教在印度有七佛，于是，乾隆皇帝就写了一篇论文，把这七佛都叫什么，姓什么，属于什么部族，父亲是谁，母亲是谁，徒弟是谁，儿子是谁，都一一写

北海西天梵境《七佛塔碑》，右起为蒙古、藏、汉、满文

明，而且教人都一一刻了像，共七幅，刻在七块石板上。加上他本人这篇论文，用四种文字刻在第八块石头上，组成一座塔。塔的框架是木质的，石板镶嵌在木框中，塔基是石头的，整合起来组成一座空心的八角形塔，塔外面再加盖一个很大的漂亮亭子，叫做“七佛塔碑亭”，原来是属于大西天（西天梵境）的重要组成部分。

有乾隆文章的石板上由右起依次是汉、藏、蒙、满四种文字，竖写，汉字有蚕豆般大小，楷书，是乾隆御笔。

依逆时针方向，塔上排列那七幅佛像，看到最后，才出现释迦牟尼佛。这和想象的大不一样，甚感奇怪。但乾隆有解释：“第一毗婆尸佛种刹利，第二尸弃佛，第三毗合浮佛种刹，以上三佛为过去庄严劫佛；第四拘留孙佛，第五拘纳舍牟尼佛，第六迦叶佛，第七释迦牟尼佛，以上四佛为现在贤劫佛。”有根有据，排座不能错。

说到释迦牟尼佛，乾隆写道：“第七释迦牟尼佛，种刹利，姓瞿昙，父净饭王，母大清净，居舍卫城，神足二，一名舍利佛，次名目犍侍者名阿难，子名罗目侯罗。”

这可能是关于释迦牟尼佛最有权威性的“人事档案”了，真是大开眼界。

七佛刻得很纤细，画面也很丰富多彩。最顶端刻有四小块文字说明，右起依次是汉、满、蒙、藏。背景必有树，树上必有果子，但树种各不同，佛的双手必有物。释迦牟尼佛的手中是一个大桃子，手心脚心都有花。每尊佛左右各有弟子像，都是两人，弟子像底下还各有四个人像，所有佛和弟子下面都用小号的藏文刻着名字。画面所有的空地也都充满了很写实的东西，如小羊、小鹿、

北海《七佛塔碑》中的释迦牟尼佛像，端顶右起为汉、满、蒙、藏文

七佛塔石刻佛像细部

小花、小草、石头、流水等等，看得出是下了工夫描绘的。画面和文字是完全吻合的，这都是人，不是神，是生活中活生生的人，只是他们都得了道，成了智者。

这种原教义的东西看着很亲切，不觉胸中升起暖暖的亲和与敬意，觉得这种佛像既是学问，又是历史，还是艺术，顿时对佛教教义有一种全新的亲近感和信任感。

这座宝塔确实不能完全开放，它经不起世俗的任何触摸和不敬，但全部封闭起来也不太妥，还是要让大家知道，这里藏着一座稀世珍宝，要适当介绍，一年哪怕开放十天半月，限量参观，也不辜负它的存在和传世。

北海琼华岛永安寺中还有一座大型方石碑，叫做《白塔山总记》，也是乾隆御笔，南为汉文，西为藏文，北为蒙文，东为满文，在中轴线的右侧，有亭子保护。外国的景点一进门一般都有接待中心，免费发放旅游简介；我们这里，老祖宗有大石碑，这个旅游简介可是不简单，是皇帝本人写的，很详细，很准确，头头是道，还有藏文、蒙文和满文，多棒！

六、五处寺庙六块石碑

第一处第一块 碧云寺里有一对石碑，立在碧云寺金刚宝座前方左右两侧。石碑各有一座石头亭子罩着，规格挺高。此碑叫《御制金刚宝座塔碑》，右侧是汉、藏两种文字并列的。左侧同样的一亭一碑，则是蒙、满两种文字并列的。

金刚宝座是一种源于印度的佛塔形式，在印度释迦牟尼悟道成佛的菩提伽耶城曾建有一座这种形式的塔，一座方台上有五座小塔。佛教传入我国后，这种形式的佛塔也开始在我国出现。北京先后建有四座：五塔寺、碧云寺、西黄寺和玉泉山妙高寺。

北京碧云寺金刚宝座塔建于乾隆年间，碑文上说：有西僧入贡，于是下令按其图纸样式建造，在碧云寺选址，高度、广度都适合。原本这种塔是供藏佛的舍利齿发的，以便后人崇奉。而建此塔则是为了显示佛的威德，人天瞻仰，佛如日当天，有神力加持，可排除一切劫难。

第二处第二块 在香山附近，在团城演武厅之南，有一块《御制实胜寺碑》，是乾隆十四年（1749）立的，记

载了一段历史，具有很高的史料价值。这块碑是另一种典型，它和宗教无关，和庆典也无关，只承载历史。

实胜寺已不存，但实胜寺碑尚存，而且完好，有华丽的碑亭庇护，虽处荒郊，亦神采奕奕。只不过上不着村下不着店，孤零零，立在一片果树桃林中。

乾隆十二年（1747）四川大金川土司莎罗奔侵犯邻近土司，并杀伤官军。清政府派兵攻打大金川。久攻不下，只因对方有碉可守。此时，出现了“以碉攻碉”之说，建议清

上：碧云寺金刚宝座塔

下：《碧云寺金刚宝座塔碑》的石头碑亭

实胜寺碑亭

军也筑碉。乾隆以为这是下策。回想，清初，旗人常用云梯登城取胜。于是下令在香山一带建筑石碉。选战士练习攻碉，不到一个月，练得精兵两千人，派至前方，大获全胜。于是敕建实胜寺，并在寺左右建房，驻扎新建的健锐云梯营。这就是历史上的“大金川之役”。是乾隆皇帝得意的十大武功之一。

昔日的六十余座石碉今日在香山一带只依稀可见一二，然而这块石碑却永久地铭记了这段历史。看了石碑之后再抬头向远方看那残存的石碉，历史仿佛又回到了眼前，结结实实觉得时日的悠远和缤纷。

《御制实胜寺碑》（藏文部分）

颐和园《御制万寿山多宝佛塔颂碑》(1755 年)

颐和园万寿山多宝琉璃塔

这块实胜寺碑体量也很大，高丈余，四方，有四种文体。夕阳时分，迎着阳光的恰是刻藏文的一面，格外抢眼。

第三处第三块 颐和园后山原本有一大片藏式建筑，其东端有一组建筑叫“花承阁”，是藏传佛教寺庙，大部分毁于英法联军战火，唯独一座多彩琉璃佛塔仍在遗址

《敕修万寿寺碑记》(藏、蒙文部分)

雍和宫《喇嘛说》碑亭(1792年)

上高耸于林木之中。塔下面有一座小石碑，是《御制万寿山多宝塔颂》，也是乾隆皇帝的御笔，一面是汉、满文，另一面是藏、蒙文。这块小石碑的保护条件较差，位置也不好，需要加大保护力度。

第四处第四块 万寿寺（现首都艺术博物馆）中路第二进里有一对石碑，右侧正面为汉、满两种文字，左侧

正面是藏、蒙古两种文字，刻的是《敕修万寿寺碑记》，由乾隆皇帝撰文，由大学士梁诗正书丹，碑的背面都是乾隆的亲笔诗句。碑文的大意是乾隆为了庆贺其生母皇太后六十大寿，特重修明代寺庙万寿寺。万寿寺恰好位于紫禁城和畅春园之间，名字又是“万寿”，很吉利，故而重修，祝愿母亲万寿无疆。

第五处第五块 雍和宫里，雍和门殿和雍和宫殿之间有一块重要的大四方碑，高 6.2 米，每面宽 1.45 米，上刻乾隆皇帝的一篇重要政论文章，题目叫《喇嘛说》，并建三丈五尺高的正方形碑亭以护其碑。碑北是汉文，西为藏文，东为蒙古文，南为满文。

此文篇幅较长，正文有 671 字（大字），注释有 1489 字（小字），落款 19 字，共 2179 字，都是乾隆御笔，写得工整漂亮。

此碑被称为“泄露天机”碑，中心意思是兴黄教是为了安抚众蒙古。

在所有上述十五块有藏字的石碑中，此碑分量最重，意义非凡。

最重要的是下面这段话：“各部蒙古，一心归之，兴黄教，所以安众蒙古，所系非小，故不可不保护之。”

乾隆指出：其祖父康熙皇帝兴黄教，兴藏传佛教，又称“喇嘛教”，并不是只为西藏，重要的是为蒙古。兴黄教，可以安定众蒙古部，非同小可，涉及国家兴亡大事，不可不保护。

这便是天机。

此外，此碑还有两个重点：一是对西藏僧人要赏罚分明，“皈道法之人则嘉之，悖道法之人则惩之”，对“妨

“泄露天机”的《喇嘛说》碑文细部

御制《雍和宫碑文》(1744 年)

害国政”者，“按律治罪”，直至“剥黄正法”，实行斩首；二是实行“金瓶掣签”制度，避免私相传袭，把决定达赖、班禅接班人选的大权由西藏地方集中到清朝中央，明确了西藏地方政府与清王朝的从属关系，成功地完成了西藏历史上的重大政治改革。

看，如此重大的政治举措和方针政策，都直接铭刻于石，公之于众，毫无隐瞒，真不愧是透明之至啊！

透明的石头！了不起的石头！

第五处第六块 雍和宫还有两块石碑，叫《雍和宫碑文》，在雍和宫门殿之前的广场上，西侧的是藏文、蒙文的，东侧的是汉文、满文的，是乾隆皇帝写的建喇嘛教雍和宫的经过，说的是康熙三十三年（1694），此地是皇四子胤禛的府邸，1722年雍正皇帝继位后三年改为行宫，名“雍和宫”，1744年，乾隆九年，正式改为藏传教佛寺院。

御制《雍和宫碑文》碑亭

七、真是好教材

寻访完十五块刻有藏字的北京石碑，头一桩飞入我脑海中的想法就是，这真是一组绝佳的好教材！

教育谁？怎么教育？

根本不用说什么话，只需将那些不明真相的人带到这批石碑面前，让他们自己看，我想，他们一看立刻就会明白。

明白什么？

明白：噢，闹了半天，西藏自古就是中国不可分割的一部分；

噢，藏传教佛（俗称“喇嘛教”）在北京原来竟是那么受尊重和受重视，而且在安邦立国上的确是那么重要；

噢，西藏杰出的宗教和政治领袖，像六世班禅，在历史上原来是那么拥戴和亲近中央政府，不要说搞“藏独”，就是谁有丝毫的离心离德都会遭到严厉的谴责和制裁，让它没有存身之地；

噢，藏文、藏字在北京原来是那么常见，而且地位显赫，蒙文和满文则不足为奇，因为中国历史上有元朝和清朝，蒙古人和满族人都当过全中国的统治者，可是藏文、藏字就不同，它只是一个祖国疆土中最远的西南边疆的一个少数民族——藏族的文字，却能在北京有这么高规格的待遇，数量又那么多，这只能说明：藏族人早和祖国大家庭是一家人，西藏地区早就是祖国大地的一块重要版图，想想，要不然，中国皇帝的每一篇重要文章或者题辞，怎么都会有藏文的译文，怎么都会堂而皇之地频频刻凿在首都北京的最重要的石碑上！

总之，看见这些石碑，不管是什么背景的人，自然会明白西藏大体是怎么回事，会幡然醒悟，不用死乞白赖地说明。这多好啊，这就是好教材的威力。鉴于此，我们的确应当好好保护和利用这些美妙的石碑。办法是：

要提到应有的高度，认定它们是不得了的好教材，有着巨大的政治说服力和感染力；

要成为系列，不是孤立一个一个的，而是将它们串成有关西藏问题的专题，当作手中的一张好牌来打，属于爱国主义教育的重头戏，也是对外宣传的好阵地；

要千方百计保护好，订出整改规划，快速去办；

要特别标明出来，树立非常醒目的牌子，用科学、准确、通俗的语言加以说明；

要有外语翻译；

要让媒体宣传出来，让更多的人知道其存在和价值；

对特别珍贵的石刻要认真研究一套切实可行的保护和开放办法。

盼着北京这一组西藏专题的好石碑再度辉煌，放出应有的耀眼光芒，让所有见过它们的人为之惊叹，为之折服。

好好地善待这十五块有藏文的石碑吧！它们真的很好，特别好！

藏式建筑——京城的精彩

北京有不少知名的藏式建筑，有的已是北京城公认的标志物，如集印、藏、汉风格于一体的白塔寺白塔和北海白塔山上的白塔；有的则是著名的名胜古迹，如五塔寺里的五塔金刚宝座和碧云寺里的五塔金刚宝座；有的是皇家寺庙的主殿，如雍和宫的主殿法轮殿和福佑寺的主殿大雄宝殿，这些建筑物都有明显的藏式风格，是藏文化在内地传播的不朽见证和永恒载体。

还有两处藏式建筑，远没有上述诸点那么有名，或者是因为没有对外开放，或者是被外国侵略者毁坏而恢复较迟，总之，至今不太为人知，甚至全然默默无闻。

然而，这却是两处应该大书特书的地方。因为它们都是非凡的！

一、颐和园后山的藏式建筑群

这是一群建筑，整整一大片，并不只是个体的存在，是一个整体构思，有通盘考虑，是一个整体，规模很大。

这很不简单，绝不能小看。

它在颐和园的后山上。

人们对颐和园万寿山的前山很熟悉，那里有排云殿、有佛香阁、有智慧海，依次而上，一整套，其中佛香阁更是整座颐和园的标志物。

翻过山去，就是后山，是山的北坡，即阴坡，却冷清多了。那里虽然有好东西，而且名堂挺多，却名气大减，游人相对要少很多。

这里藏着一大片藏式建筑，风格和前山迥然不同，

颐和园后山上的藏式建筑群全景

上图：红塔和八小部洲之一

下图：绿塔和八小部洲之一

20世纪50年代初的白塔（叶华 摄）

白塔

宛如两个天地。

原因是这里也遭到了英法联军的破坏，很长时间都是一片废墟，在慈禧重修颐和园时，受财力所限，后山基本未修复，只修了一座大佛殿，还是偷工减料的。直到近二十多年才慢慢开始对后山进行修整，不过到目前为止并未恢复到当初的规模和格式，其完善程度倒不如后山山根的“园内园”苏州街，那里的商业性运作让它更受重视，反而占了先。

但是，真正重要的是后山的藏式建筑群。

这是一座皇家寺庙，建于乾隆年间，1755年左右，下半部是汉式佛寺，有三个平台，一台高于一台，第三台上建主殿须弥境，以高高的金刚墙划界，墙后是宏大的喇嘛庙，主殿是香岩宗印之阁。庙的总体形式和承德外八庙的普林寺后半部相同，是仿西藏最早的桑那寺而建。

香岩宗印之阁象征佛居住的须弥山，四周建四大部洲、八小部洲、日殿、月殿、四色塔。这是一大群有机组合的藏式建筑，呈“丁”字形依山而建，错落有致，有节奏感和跳跃性，十分别致。最东面还有一组喇嘛庙，叫“花承阁”，其中心是一座16米高的七彩琉璃宝塔，是颐和园中有名的“园中园”之一。

四大部洲之北俱卢洲（方形基）

四大部洲之东胜神洲（半月形基）

四大部洲之西牛贺洲（椭圆形基）

上图：八小部洲之第五小部洲

中图：香岩宗印之阁北侧墙外

下图：八小部洲之第一小部洲

黑塔

藏式建筑群的最中心是香岩宗印之阁，原为三层的建筑，是后山上最高的建筑，重修后只有一层。其最北端是山门，改建为南瞻部洲，现在的基础是长方形，左边(西侧)有两座小部洲和一座红塔。香岩宗印之阁的南部上方，右侧有西牛贺洲，现在的基础是椭圆形；左侧是东胜神洲，基础是半月形。再上一层，中轴右侧是日殿，远处是第五座小部洲；左侧是月殿，远处是第六座小部

月殿房脊上的藏式宝塔

见证亲密

洲。又再上一层，右侧是白塔，左侧是黑塔，南部最上方，中轴位置上是北俱卢洲，现在的基础是方形，右侧是第七座小部洲，左侧是第八座小部洲。

四大部洲在佛经中有很多含意,其中有象征世界东、南、西、北四块大陆的意思，八小部洲是周围的八个小岛。塔则是储存佛经和圣物的。加上日殿、月殿和须弥山，整个宇宙都在其中了。

这就是完整的圣境了。

这些藏式建筑，最明显的标志是四个：1.所有的窗都呈梯形，外有白框；2.房脊上都有藏式的小宝塔，少则

月殿

月殿远眺

香岩宗印之阁

一个，多则数个；3.四色塔的塔体都是典型的藏式，上部是法轮组成的锥形，下半部是覆钵体；4.小部洲都是藏式的碉房，顶是平的。这些特征表现得很突出，很明显，明眼人一看，就知道是藏式的，极有个性。

在北京著名皇家园林中有这么一大片藏式建筑，不可谓不是一个奇迹，堪称神奇。

现在，颐和园有北宫门，进去，过一座小桥，就是这一组喇嘛庙了，有非常明显的中轴线，自成体系，19座藏式建筑错落有致地分布在整座北部山坡上，一直到山顶，蔚为壮观。

这绝对是北京最为独特的一景！

花承阁中的奇石

花承阁奇石基座的浮雕细部

花承阁三十七间游廊的残基

最东边的花承阁目前并未恢复，有四样东西尚存：一是七彩琉璃宝塔；二是乾隆皇帝的《御制万寿山多宝佛塔颂碑》；三是高三丈的半圆形的平台，直径60米，上面原有37开间的游廊，廊已毁，但柱基仍在；四是当院有一块奇石，架在一座十分精致的大型石座上，其雕刻图案极美，是个罕见的艺术品。

从香岩宗印之阁的历史地位、艺术水平、稀有程度和规模上看，目前的状态实在是淹没了它们的价值。

为此，首先应当彻底重建，在现有基础上继续完善，按原样填平补齐。大殿由一层恢复成三层，内部都要重新装饰，四大部洲、八小部洲内部都要打开，花承阁也要重建。工程量可能并不很大，只要提到日程上就是了。

其次，可以改用为“北京西藏博物馆”，或者“中央西藏博物馆”，要把这些藏式建筑真正用起来，不能只是一堆空壳，建成在北京的西藏展览博物馆是再恰当不过的了，因为有好房子，有好规格，也有好环境，又有历史，只需把有时代气息的新内容填加进去就成了，可以全面地长期地介绍西藏的地理、历史、文化、宗教和50年的变迁，还可以展出照片、文物，成为一座名副其实的西藏专馆，注定是一个联系西藏地方和祖国大家庭的纽带和宣传介绍西藏的好园地。到那时，逛颐和园后山将成为一个对全世界的人都极有吸引力的好地方。

总之，要足够估量、完善和利用颐和园后山上藏式建筑群，它对维系祖国统一的民族大业有不可估量的作用。

换换脑筋思维，原本默默无闻的，说不定，能一下子大放光芒！

二、西黄寺清净化城金塔

北京安定门外西黄寺西侧，现在的中国藏语系高级佛学院里，藏着一件稀世珍宝，即六世班禅大师的衣冠金塔，是乾隆皇帝于1782年精心打造的。这是一件世界级的艺术精品。在同类型的五塔金刚宝塔中，在国内外，论其精美程度，当属第一名，虽然，其体量不是特别大。

清净化城塔

它的名字叫“清净化城塔”。

因为所在地没有对外开放，一是保护得非常好，毫发未损；二是不为人所知，完全没有名声。

我特地去考察了一番，已在另外的文章中介绍了塔前的两块御碑，将它的来龙去脉写清楚了。

这里只介绍塔本身。

此塔的精彩之处在主塔。四角边上的小塔是刻经的。功夫全下在了主塔上，完全是个石刻的大展览。

主塔的核心部分是一组有关释迦牟尼佛的系列浮雕，全组共八块，顺时针排列在塔周，依次是成孕、诞生、出游、

清净化城塔塔阶、宝瓶、塔刹

清净化城塔的装饰图案细部

成佛

传法

降魔

涅槃

修学、得道、传法、降魔、涅槃。

我粗略地数了数，全图中共刻有人物 113 位，其中以出游、涅槃两图为最多，均各有二十多位。人物尺寸并不大，头颅有核桃般大小，但雕刻得很精细，眼、眉、鼻、嘴都极富表现力，刀法上属于高浮雕。由于选用石材质地非常好，石刻画面至今没有明显的腐蚀和剥离。

这是一份以佛为主人公的石头连环画，装帧形式又极其庄严隆重，等级特别高，竟以一座大塔为载体。作品的发起者是乾隆皇帝本人，受礼者是六世班禅大师。这种组合是绝无仅有的，当然也是空前绝后的。

石头连环画的顶部有莲花座，莲花座之上是塔阶，分四面，每面呈正方形，四角还各有三折，面面都雕有云纹，云纹中各有八尊佛像，四面共有32尊佛像，塔阶之上是很大的宝瓶，其中心还雕有三尊大的佛像，合起来就是佛经中的十方世界里的三十五佛。宝瓶四周还有八大菩萨的立像。宝瓶之上是塔刹。塔刹有十三层法轮，有花瓣宝伞，有宝莲。宝伞、宝莲和两旁的莲叶垂带

清净化城塔佛生平连环石刻

诞生

出家

出游

西黄寺清净化城塔（1782 年）的五塔全貌

皆镏金，要用几十斤黄金，效果就是白石之上有金光灿灿的塔顶。石头连环画之下是塔基。塔基上居然雕有十一层装饰图案，内容是一层凤凰、一层狮子、一层蝙蝠、一层花、一层莲……等等，十一层之下最底面是一层花朵和一层海浪垫底，这种结构真是集装饰之大成，没见过还有能比它更周密细致的了。五塔的总体结构是印度的菩提迦耶式，其中主塔的形制是藏传佛教式的，而塔上的花纹装饰和图案造型则是汉式的。印、藏、汉，三位一体，融会贯通，达到了清代造塔艺术的顶峰，为世界增添了一座建筑艺术的杰出作品。

清净化城塔周围的所有建筑物上都有梵文的六字真言，多得不计其数，磕头碰脑比比皆是，这又是一大特色。

三、两大亮点

北京能有像颐和园后山上的藏式建筑群和像西黄寺清净化城金塔这样的集中印、藏、汉风格于一体的佛塔，真是北京的福分，如果再好好保护和巧妙地利用，则更是一步难得的民族团结共荣的好棋。

表面是藏式建筑，透过形式看内容，先让形式上的精彩把看客感动了，然后让看客自己慢慢去想，可以想得很深，很远，这就是由表及里的过程。

不妨制订个规划，譬如用上三年的时间，把颐和园后山上的藏式建筑彻底大修，按历史原貌填平补齐，内部“修旧如旧”，并开始布展，把有关的西藏展览常年地放在那里；再把西黄寺清净化城金塔也开放，当然是在严格保护的情况下，加护栏，塔下部加透明通气护罩，加中外文说明。这样，在北京，一下子就多了两个有关西藏的又大又好的景点：一个是皇家园林中的西藏建筑群和最权威的西藏展览；另一个是西藏最大的活佛之一的衣冠金塔，同时它又是世界上最壮丽的石雕艺术杰作之一。

总之，这种动作应该既是历史的、长远的，又是现实的、今世的。

这是在北京的两个了解西藏的窗口，古老，又擦拭一新，还特别有品位，不说教，很正面，难得啊！这样的窗口，真是神来之笔，静静地看，能在陶醉中领会一个真实的西藏。

重修颐和园后山的藏式建筑群 保护有藏文的石碑 开放清净化城塔

我在北京做了一番实地考察，找到一些与西藏有关的重要文物和建筑，从一个特殊的角度写了两篇文章：《十五块京城有藏字的石碑》和《藏式建筑——京城的辉煌》，已经引起了舆论的广泛注意。

现将这些工作引出的思考以及几点重要的建议，简述如下：

一．应该将颐和园后山的藏式建筑群加以重建，并在此基础上设立一座国家级的西藏博物馆

颐和园后山上，于1755年建立了一座皇家寺庙，其主体是喇嘛庙，是乾隆皇帝时期精心打造的，拥有一大群建筑，占据整座山，由山底到山顶，并横贯东西，是一

个有整体构思，有通盘考虑的蔚为壮观的建筑群体，其核心部分是香岩宗印之阁（藏传）、须弥灵境（汉式）和花承阁（藏传）。香岩宗印之阁象征佛居住的须弥山，在主殿四周建有四大部洲、八小部洲、日殿、月殿和四色塔，共19座建筑，错落有致，富丽堂皇，藏式特征非常明显。它是仿效西藏最早的桑那寺而建的，和承德外八庙的普林寺后半部总体形式上十分相象，是有依据而建造的藏式建筑。可惜的是这批后山藏式建筑全部毁于149年前的英法联军战火，仅剩宝塔、石碑、四色塔等少数不燃建筑物残件及石山。后来清末慈禧太后动用海军军费修复颐和园时，只修了前山，无力修复后山。新中国成立后，直到20世纪80年代，文物管理部门才把香岩宗印之阁简单地修复了一下，但只盖了一层，未建成三层的原状，其他的则只砌了外墙，没有内装修，只能观其外形，内部完全不能利用。须弥灵境和花承阁则未修复，仍是废墟一片。

依今日的国家财力将后山藏式建筑全部按原样修复起来，是没有问题的，资金大约不会高于一公里北京地铁的工程造价。

关键是修不修，修了以后做什么用，以及修它有何意义和价值。

我建议：应按原样修复这些藏式建筑，修好以后在其内设立一座国家级的西藏博物馆，这样做在目前的形势下必定是一件令世人瞩目的大事，而且有着重大的历史价值和现实意义。

首先，颐和园是世界有名的中国皇家园林，它的故事在中国近代史上曾经轰动一时，现已被联合国确定为世界文化遗产，在其核心部位中居然有一座宏伟的藏式建筑，这是一件多么奇妙的事。想想：一在首都北京；二在最有名的皇家园林里；三是藏式建筑群，而且很齐全、很配套、很多样、很辉煌，民族特色浓郁，有殿、有塔、有碉楼、有碑，赫赫一大片，极为壮观，而且很有历史，是250年前的东西，说明西藏早就是中国的一部分，而且西藏和中央政权关系极为密切，亲如一家；藏族是了不起的伟大民族，在祖国大家庭中占有非常重要的地位。把这组庞大的高等级的建筑修复好，并加以利用，无疑是有利于祖国统一和民族团结的大好事，何乐而不为？

其次，颐和园后山上的藏式建筑群的创立，证明在

清朝康雍乾盛世时期，西藏一直是清朝皇帝高度重视的问题，而且是放在重中之重的地位的，他们积极推行弘扬中华黄教的政策，以利于团结广大藏族人和蒙古人，求得大局的和谐和稳定，那么，今天修复这些藏式建筑群：一则表示尊重历史，尊重前辈；二则也表示我国现政权的高层领导能够高瞻远瞩，举重若轻，善于出牌，出好牌，一贯奉行统一战线政策，把祖国统一、民族团结视为最重要的大事，不遗余力地去促进各民族包括藏族的繁荣和兴旺。何况这个举动既具体又生动，既形象又有说服力，丝毫不说教，事实胜于雄辩，可谓事半功倍。

再次，在北京的藏式建筑群里建立国家级的西藏博物馆是一件得天时地利、表里统一的善事，可以常年展出西藏的历史、宗教、文化、文物。我国国家博物馆中收藏有大量珍贵西藏文物，没有机会展出，近年我国又艰难地从国外陆续找回了一些西藏文物代表作。建成的西藏博物馆将是一座西藏的艺术圣殿。这样一座权威的西藏博物馆一定会受到各族民众的喜爱，也会受到世界各国民众的欢迎，它无疑会成为北京旅游的一个新热点，成为西藏文化艺术的最好的展示和交流场地，而且会顺带地成为一个好课堂，一个在自然而然中纠正政治偏见的好场所，特别是对那些没到过中国，更没到过西藏，道听途说，跟着起哄的人，“藏独”的一些欺人谎言在事实面前将会不攻自破。

二.保护有藏文的石碑，开放西黄寺清净化城塔

北京境内有许多历史上留下来的带藏字的石碑，特别是历代皇帝的御碑，其中不少是十分珍贵的，但是从来未有人从有藏字的角度注意过它们。我认真做了一番考察，一共发现了十五块带有藏字的石碑，体型都很大，选材、造型都很讲究，分布在七个皇家园林和皇家寺庙中，其中有六块是有涉藏内容的，全是乾隆皇帝的御碑，最晚的距今也有230年，难能可贵。

这里所说的带藏字的石碑是“四种文体”石碑，这是康乾盛世中流行的碑式，一面是汉文，另三面分别是满、蒙、藏文的译文。当时国家对满、蒙、藏文非常重视，提到和汉文同等的地位，以视平等和亲密。这十五块带有

藏字的石碑不仅是北京的一景，而且恰好成为“自古西藏就是中国不可分割的一部分”这个事实的实物注解，在天然成趣中显示必然，有着不同凡响的说服力和可信度，真是得来全不费功夫，显得威力无穷。

这十五块石碑中有涉藏内容的有六块，其中最重要的一块是雍和宫里的乾隆《喇嘛说》石碑，这块石碑用四种文体记载了一篇乾隆皇帝本人撰写的长篇论文，专论喇嘛教的起源和作用，以及为什么康熙皇帝要把它引入蒙古的道理。此碑还阐明了清朝政府对喇嘛教的几项重大改革政策，如中央主持下的金瓶掣签制，如对上层宗教人士的奖罚分明的治理办法。这块石碑目前保护得很好，但介绍得不够，一直没有引起广泛的注意。六块涉藏石碑中有三块都和六世班禅大师有关，这是一个独特的闪光点。六世班禅大师是一位有远见的西藏宗教领袖，他坚持西藏是中国的领土，反对英国插手西藏事务，拥护中央政权对西藏改革的法律，得到了乾隆皇帝的赞赏。由于八世达赖喇嘛当年尚年幼，六世班禅大师是他的老师，实际是西藏地方政府的首领和公认的藏传佛教格鲁派的领袖。乾隆四十三年（1778），他主动请求进京参加乾隆皇帝的七十大寿庆典，并于1779年6月17日率3000人起程，历经一年又一个多月，到达承德避暑山庄，乾隆皇帝为他在承德修建了须弥福寿寺，又在北京香山修建了供他避暑的昭庙，还为他大修了北京安定门外的西黄寺作为他在京驻赐地。乾隆皇帝待六世班禅大师为上宾，特地学习了藏语和他对话，返京后亲自出席他的讲经说法大会。不幸的是，到京两个月后，六世班禅大师染上了天花，在西黄寺圆寂。六世班禅大师重病期间，乾隆皇帝曾两度去探视，为他画画、题诗、祈祷。他的去世让乾隆极度悲伤和惋惜，又曾三次亲临西黄寺吊唁，下令用两年时间在西黄寺西面为大师的衣冠建一座精美庄严的灵塔，取名“清净化城塔”。还在宝塔前建两座御碑，将那张乾隆皇帝送给六世班禅大师的《祈寿长椿图》和四种文体书写的《写寿班禅圣僧并赞》刻在右侧的石碑上，左侧石碑是四种文体的乾隆御题的《清净化城塔记》。

清净化城塔及御碑目前保存完好，可惜一直没有开放，几乎完全不为外人所知。其实在国内外现存的五塔式佛塔中，此塔是最为精美的一座，无论在造型上，还是在雕刻艺术的水平上，都是世界级的艺术精品。

另一件和六世班禅大师有关的石碑在香山公园中的昭庙遗址内。昭庙也被英法联军彻底破坏了，只剩下废墟，但乾隆御碑尚在，只是碑亭已废，然而石碑的内容清晰可见，而且极为重要。这是乾隆皇帝陪同六世班禅大师亲临昭庙开光时赠给后者的赞诗，用四种文体镌刻于石上。碑上除了有“雪山与震旦，一例普庥嘉”的诗句外，还有这样的注解：“既建须弥福寺之庙于热河，复建昭庙于香山静宜园，以班禅远来祝厘之诚可嘉，且以示我中华之兴黄教也。”说得很明白，西藏是我中华不可分割的一部分，共同庇护于一片美好的天地之中。所有这一切，都是为了“我中华”，是为了我全中华的利益。

这块石碑不得了。

针对这些涉藏的珍贵石碑，特提出以下四点建议：

建议一 在制订详尽的保护和开放方案之后，尽早有限地开放清净化城塔，这是一曲美妙的见证亲密的大乐章，非常动人，感人，实乃天赐良物，不可多得。

建议二 要特别保护昭庙中的涉藏石碑，尽快修复碑亭，并做详细注解和外文介绍。如果昭庙也能修复的话，建议同这块石碑一起兴办常设的有关六世班禅大师事迹的大型展览，对复兴祖国统一大业和民族团结大局必有大用。

建议三 北京皇家园林和寺庙中的十五块带有四种文体的石碑是一组专门的系列，特别是有六块涉藏内容的，更是意义非凡，但它们不在一个地方，应该编一组专门的序号，有号码，有标牌，有说明书，让人们知道在哪儿还能看见其他的，这样，就能使这组有藏字的石碑真正发挥它们的作用。

最后，我想强调一下：对颐和园后山的藏式建筑群进行复修，以及保护和开放有藏字的石碑，绝不能简单地被看成一桩单纯的建筑维修项目和文物保护课题，不，不是这样，这是一件带有政治意义的特殊工作。它涉藏，它有关弘扬优良传统，它关联祖国统一大业和民族团结大局，更重要的是，要利用好这些宝贵资源，为今日现实服务，为社会主义物质文明和精神文明建设服务，所以，要做出权威的决断和联合的运作，以确保有大的轰动效应。

塞外胜境承德

—— 一个最有象征意义的地方

我以前没到过承德，只闻其名，却一直未去过；去了一看，不得了，觉得它绝对是中国境内最特殊、最高级、最好看也最有价值的城。

原因是它是中华民族团结的象征。这个定位，道出了它的独一无二。形容一件东西珍贵，常用“价值连城”，而城却各有不同，承德的价值非同一般，在民族团结方面，它是首屈一指的，其重要性几乎无法估量。

一、乾隆晚年的肺腑之言

承德一般是指三个内容：一是清朝皇帝的夏宫——避暑山庄；二是外八庙，指设在关外的十二座皇家寺庙；三是高原坝上的皇家猎苑和练兵处——木兰围场。前两处已于1994年被联合国教科文组织确定为“世界文化遗产”。其实，上述三项内容是不可分的，这是一大片地方，方圆大概有一万多平方公里，而不是单指一座城池。承德

城本身距离北京只有二百公里，在北京的东北方向，位于怀柔和密云的明代长城之外，已属塞外，原称“热河”。由北京出发过去要走七天七夜，现在大概只需两个小时就可到达，计划中的高铁建好后，则只要四十分钟的路程。

承德有清朝康熙皇帝建的行宫避暑山庄，康熙皇帝自己来过21次，一住就是小半年，他的孙子乾隆皇帝则来过49次，也是由阴历五月初住到九月中。可见名为“行宫”，实则“陪都”，是当时整个国家的行政、军事、社会中心，实际是和北京连在一起的，是首都的一部分，其重要性不言而喻。

在避暑山庄里有一座皇家寺庙，叫“永佑寺”，里面

避暑山庄中永佑寺全貌，乾隆避暑山庄“后序碑”所在地

有乾隆皇帝晚年立的一座御碑，上面刻着他的一篇名为《避暑山庄后序》的文章。此碑平常不引人注意，实际却极为重要，宛如是避暑山庄的“魂儿”。

早先康熙皇帝为建避暑山庄写过一篇《避暑山庄记》，是“序篇”，而乾隆皇帝这篇则称为《后序》，是“跋”，中间彼此相隔71年，其实，重要的是这篇乾隆的跋，透露了许多“天机”。

首先，乾隆透露：康熙皇帝当初建承德避暑山庄是为了“就和”关外少数民族首领的。那时，北京流行天花，关外的少数民族首领多因不适应

乾隆避暑山庄后序碑记

北京气候条件，很容易感染上天花，故而害怕到北京来。康熙为了“诘戎绥遐”，即为了过问少数民族的情况，并安抚他们，自己反倒主动到塞外来，这样，塞外的少数民族首领就放心了，可以就近多次拜见皇帝，接受他的询问和安抚。

其次，乾隆还透露：康熙皇帝建承德避暑山庄是要倡导一种理念，就是故意要皇子、大臣、将军、士兵经常在野外长途跋涉，风餐露宿，甚至不能及时进食，提倡“崇朴爱物”，即崇尚简朴，爱惜物力。乾隆皇帝在这篇文章中有点批评自己的父亲雍正皇帝的意思，因为雍正执政之后，从未到过承德，一次也没有，理由是“一太忙、二喜静、三忌杀生”。但是，据乾隆说，雍正到了晚年，曾经为此检讨过，说自己不来承德是错误的，嘱咐后世子孙一定要遵从康熙的家法，多多练习武艺，到木兰围场行猎。

再次，乾隆皇帝在文章的最后非常痛心地说：其实在避暑山庄的建设上不应过于奢华，当时，由于国力强盛，避暑山庄的建设规模和豪华程度最后已经远远超过唐、宋鼎盛时期的皇家园林。他以为，这样，就会走向反面，弄不好其后代会沉溺于中而忘记一切，等于是自设“陷阱”。乾隆皇帝为此痛心疾首，说他会因此成为得罪祖先的罪人。他说自己：“今老矣，终不可不言，故书之。”乾隆皇帝这种自知之明，这种顾及国家安危的思考，这种居安思危的防范是很有见地的。他在文章中反复倡导简朴，反复强调习武，反复号召要体恤下人，不能忘记别人的劳动，要作一个有道德的人。

这篇文章的重要性胜过他的许多诗歌，毫不夸张地说，将后者中的许多加在一起也不敌此文的分量，而且，后来的历史真的是不幸被他言中：“设谏而不从，或且罪之者，则是天不佑我国家，朕亦无如之何也已矣。”（大意是：假如规劝而不从的话，或者更要加罪于别人的话，那就是老天不再保佑我们国家了，我也就无话可说了，）

真有远见啊！

以上三条，不论是单个的哪一条，还是三条加在一起，都既有历史意义，又有现实意义，都很值得研究和吸取。

第一条阐明了统一战线的重要性，民族团结是国家头等大事，要特别关心少数民族的情况，要刻意走近他

们。毛主席曾说过：中国共产党的统一战线政策是学习了康熙皇帝的相关政策的。

第二条阐明了艰苦朴素的重要，阐明了在艰苦条件下磨练的重要，这一点不禁让人们想起了今天的部队拉练，以及在校生军训和英国伊顿公学的崇尚艰苦的校风等等，这些都可以举一反三的类比。总之，越是条件优越，越要故意反其道而行之，以期锻炼意志，养成尚武和纯朴的坚毅性格。这一点，对当今的儿童教育尤为重要，不可以养成温室的花朵，不可以娇生惯养，不可以整天守着电脑不活动，不可以攀比物质财富。

第三条强调居安思危是颠扑不破的真理，要时时牢记，否则反其道，那会有亡国的危险。

听其言，感到他确实人已老矣，反思起来，颇有真话不吐不快之势，可谓“其言亦善”。

整个避暑山庄的价值，除去历史、文物、环境等客观因素之外，究其精神方面的永恒意义，大概全在这块石碑上了。

绝不可小看！

二、外八庙是关键所在

从历史的角度、国家的角度看，外八庙的意义和价值，客观地说，要大于避暑山庄本身。

我以为，放在今天，一定要把看问题的视角重新界定一下，把外八庙提升到首位上来。

什么叫“外八庙”？

“外八庙”实际上是十二座承德避暑山庄周边的寺庙的简称。

称为“外”，是因为它们都建在塞外，而不是简单地位在避暑山庄之外。

称为“八”，是因为其中有八处寺庙中的喇嘛的饷银当初是由国库支付的，也就是说是直属朝廷理藩院领导的，是典型的皇家寺庙，另外四处中有三处并无喇嘛，另一处是喇嘛自建的，不是皇帝敕建的。所以十二减四等于八，统称为“外八庙”。

顺便说一句，十二座寺庙中已有四座不存在了，它们是广安寺、罗汉堂、溥善寺、广缘寺，目前只剩下了八座，八座中尚有两座即殊像寺和溥仁寺暂未开放，正在

维修中。不过，所存八座倒是精华之所在。

原本这十二处寺庙统统是藏传佛教的寺庙，即喇嘛庙，这是它们共同之处。

虽说都是喇嘛庙，但只有一处是汉式建筑，其余的都是藏式，或是藏式和汉式相结合的，无论就其建筑形式和来源来说，都大有讲究，大有说词，大有故事，大有学问。

这里面，一个是模仿西藏前藏拉萨的布达拉宫而建，此庙叫“普陀宗乘之庙”，俗称“小布达拉宫”；一个是模

普陀宗乘之庙全景

普陀宗乘之庙主殿万法归一大舍顶全貌

普陀宗乘之庙大红台

仿西藏后藏日喀则的扎什伦布寺而建，此庙叫“须弥福寿之庙”；一个是模仿西藏最古老的山南三摩耶庙而建，此庙叫“普宁寺”；一个是模仿新疆伊犁固尔扎庙而建，此庙叫“安远庙”，又称“伊犁庙”；一个庙的主殿外形是模仿北京天坛的祈年殿而建，里面供有大型立体的西藏曼陀罗，其主佛属于羯摩曼陀罗的上乐王佛，俗称“欢喜佛”，此庙叫“普乐寺”。

这五座庙全部是依照边远少数民族地区的寺庙而建的，仿佛把五座西藏地区和新疆地区最著名的寺庙搬到了一起，克隆到了内地，集中在塞外，建在了皇帝的眼前，使之成为皇家寺庙，有着至高无上的地位。

除了这五座和西藏地区、新疆地区、蒙古地区直接有关的寺庙之外，外八庙中还有一座仿五台山的殊像寺而建的殊像寺，一座仿浙江海宁安国寺而建的罗汉堂，以

1

2

3

4

5

1 普宁寺山门
2 普宁寺大雄宝殿殿脊上的铜质鎏金法轮
3 普陀宗乘之庙的五塔门
4 普宁寺的大乘之阁和四大部洲
5 普宁寺中的塔和八小部洲

殊像寺假山上的宝殿阁

普宁寺的大乘之阁

须弥福寿之庙的万寿琉璃塔

安远庙（伊犁庙）主殿

普乐寺的旭光阁，内供上乐王佛

殊像寺天王殿里的天王像

及一座以戒台为主体的广安寺。这八座寺庙实际涵盖了东、西、南、北中全部国土，即东（罗汉堂）、西（安远庙）、南（普陀宗乘之庙、须弥福寿之庙、普宁寺）、北（普乐寺）、中（殊像寺）的全部，颇富象征意味。

所以说，承德的外八庙是中华民族团结的象征，是我大中华统一的象征，一点也不为过。

不得了！

具体地讲，我以为外八庙的意义有九，而且都围绕一个主题——民族，姑且称为“九绝”吧：

一绝 以藏传佛教喇嘛教为核心，将国土最偏远的地方，包括拉萨、日喀则、伊犁的宗教建筑，奇迹般地再现于祖国的心脏地带，从而震惊了国人，也感动了世界。它雄辩地证明了西藏和新疆自古就是中国不可分割的一部分，西藏、新疆的少数民族和祖国大家庭的其他兄弟真是亲如一家。

二绝 这五座各具神采的少数民族风格的寺庙为中华民族大家庭内部的交流提供了一个绝妙的舞台，这座舞台虽然设在内地东部，却又在塞外，既边缘又核心，而且从气候到海拔，仿佛天然地还是少数民族习惯的环境，来往方便，少数民族还没有易染天花的顾虑，来了之后，既能晋见皇帝，又处处都是神圣的佛土，可以整天念经拜佛，不亦乐乎。不论是定期轮番前来，还是应召前来，或是自动愿往，或是干脆迁来永住，都是快乐的，幸福的。搭建民族团结彼此交流的大舞台是闪烁着中国特色的一个绝招，试看，满街身着少数民族服饰的人，五颜六色，满嘴自己的民族语言，熙熙攘攘，这是何等有趣的景象。大概是几千年来从未有过的繁荣和进步，不愧是一个和谐的祖国大家庭的缩影，充分显示了少数民族地方政权和中央政权的密切关系。

三绝 这些寺庙专门负责接待的人并不是单一的，而是多方位的，其中有西藏人、蒙古人、维吾尔人、塔吉克人、哈萨克人、柯尔克孜人等多个少数民族，民族成份繁多，而且来自全国各地，极其形象地展示了中华大家庭的多民族性，生动地展现了中华文化是多个民族共同缔造的不争事实。

四绝 外八庙的存在雄辩地说明清朝康熙皇帝、雍正皇帝和乾隆皇帝的民族统一战线政策是既正确又有效的，他们的雄才大略，他们的尊敬和善待少数民族的精神，以

及他们的具体的奖惩分明、恩罚相间的民族政策绝对是一份珍贵的历史遗产，早已为今日的民族团结奠定了结实的雄厚基础，从这个意义上说，外八庙是一曲有光荣历史的、辉煌的民族团结的歌，它是一种伟大思想的活样版。

五绝 把五座最著名的又完全各不相同的喇嘛寺集中在了一地，这是一个特别的闪亮点。大家知道，汉传佛教的寺庙建筑往往雷同，从布局到建筑物，莫不如此；而这五座喇嘛庙却是那么有个性，一个比一个特别，彼此完全不同，布局特别，建筑特别，主佛特别，所有的细节都特别，令人目不暇接，惊讶万分，由惊奇而倍感敬佩，它是藏式建筑光荣的博物馆群，却设在了内地。特别要提到的是，普宁寺大乘之阁中的主尊佛是千手观音，全高23.5米，目前是世界上最大的金漆木雕千手千眼观音菩萨；安远庙一层的主尊佛是绿度母，三层上主尊佛是大威德金刚；普宁寺和安远寺主殿四壁皆有精彩的佛教壁画，是反映民族文化大交融的佳作，壁画均基本保持完好；普宁寺的主尊佛是上乐王佛双身铜像，主臂拥抱明妃金刚亥母裸体；普陀宗乘之庙的万法归一殿的主尊佛是释迦牟尼佛；殊像寺的会乘殿和清凉楼中的主尊佛都是文殊菩萨；须弥福寿之庙的妙高庄严殿一层正中供的是释迦牟尼佛像，其前方供的是藏传佛教格鲁派（黄教）祖师宗喀巴大师……总之，各庙主尊佛各有偏重，全面而周到，集佛教诸佛之大全，内容博大精深。

须弥福寿之庙全景

六绝 五座喇嘛庙都位于承德北部和东部的小山上，形成半环围拱之势，个个倚山而建。如果站在平地上，或是对面的山上，远远望去，有奇妙的整体印象，在外观上已经先声夺人，给人一种极其庄严神圣的印象，甚至是敬畏的感觉，这是一种量变到质变的奥妙，也是物质变精神的一个典范。

七绝 普陀宗乘之庙有大金顶，有宏伟的高 18 米的大红台，有高25米的大白台；须弥福寿之庙也有大金顶，

须弥福寿之庙主殿妙高庄严金顶和金龙装饰

普陀宗乘之庙回字形避房顶部

普陀宗乘之庙主殿大金顶鱼鳞鎏金瓦

而且有八条金龙，各一吨重；安远庙有琉璃黑瓦顶；普宁寺和普乐寺则各有黄琉璃瓦顶，这些组成了一种颜色的大汇展，而且气派高贵，远看有远看的意境灵感，近看有近看的体验感受，特别是在阳光的照耀下，光芒四射，显然是大手笔的制作，有多元、多彩设计的艺术效果，这是任何一处别的地方没有的，因此是独一无二的视觉胜地。

八绝 这五座寺庙建设用料品种之多，用料质量之精，用料价值之贵，都是首屈一指的。普陀宗乘之庙和须弥福寿之庙的两个大金顶的鱼鳞铜瓦表面，不是贴金，而是两次鎏金，各用了一万五千多两黄金，至今光彩夺目，这也是在全世界独一份的精彩绝活。

九绝 这五座寺庙的布局设计都各自极其复杂，既独特又庞大，有高台，台上有大殿，有回字群房，错落有致，既规整又活泼，一环套一环，处处有玄机，深不可测，而且能因地制宜，注意和大环境协调，民族特点非常突出，明显不同于汉式建筑。它们的奇思妙想，它们的别开生面，它们的精妙绝伦，它们的多变和多姿，都是令人叹为观止的，可以进入经典系列，应该被评价为

须弥福寿之庙妙高庄严殿死角的满式角楼

建筑界的艺术瑰宝，是建筑界的世界级的永久博览会。

这“九绝”，集中展现在承德的五座伟大寺庙里，构成了难得的唯一存在。一句话，你永远不可能在其他任何一个地方找到一个能和它相媲美的地方。它的唯一性造就了它的伟大和不朽，而它的主题却是“中华民族团结”这个大题目。

一个小地方却能成为这么大的一个题目的象征，的确是神来之笔，有着意想不到的神奇效果，不愧是人间奇迹。

三、还有二十块带藏字、蒙字的石碑

2009年7月我撰写了题为《京城十五块有藏字的石碑》和题为《藏式建筑——京城的精彩》两篇文章，在报刊上发表时合并为一，题目是《见证亲密》。差不多相隔一年，沿着这个思路，我到了承德，再一次寻访带藏字、蒙字的石碑，结果收获巨大，在承德共发现了二十块带

避暑山庄主门“丽正门”五种文体石匾额

上图：远安庙四种文体石匾额

中图：溥仁寺山门

下图：殊像寺四种文体石匾额

上图：普陀宗乘之庙四种文体石匾额
中图：须弥福寿之庙四种文体石匾额
下图：普乐寺石匾额

普陀宗乘之庙琉璃牌楼上的四种文体“普门应现”石匾

普陀宗乘之庙琉璃牌楼上的四种文体“莲界庄严”石匾

藏字、蒙字的石碑。这个数字表明，承德此类石碑比北京还多，而且还不包括围场的在内。

承德的带藏字、蒙字的石碑大体是两种类型：一种是石质的门额，或者是牌楼上的石匾额；第二种是巨型的石碑、立碑或卧碑。前一种均属名称匾，比较简单，用四种文字，即汉、满、蒙、藏文字刻在一块长条形的扁石料上，其中汉字都是乾隆皇帝的御笔。属于此类的石匾承德一共有九块，它们分别是“普乐寺”、“普陀宗乘之

普陀宗乘之庙琉璃牌楼全景

须弥福寿之庙琉璃牌楼上的四种文体“总持佛境”石匾

庙”、“须弥福寿之庙”、“殊像寺”、“安远庙”、普陀宗乘之庙的琉璃牌楼上的“普门应观”、“莲界庄严”，须弥福寿之庙牌楼上的“总持佛境”等。第九块最为特殊，是避暑山庄主门丽正门上的石匾额，上面居然是用五种文字撰刻的，除了汉、满、蒙、藏之外，还有维吾尔文，这是全国唯一一块有五种文字的石匾，实属罕见和难得。

附带说一句，与这些石匾类似的，承德还有一大批木质的云龙陡匾，大都悬挂在殿堂的正门上方。数一数

普宁寺的大雄宝殿匾

上图："普宁寺"匾
中图：普陀宗乘之庙的"万法归一"匾
下图：溥仁寺的"会乘殿"匾

大约有九块，都是长方形，竖写，金字蓝地，也全是四种文字的。

重点显然是在那十一块带藏字、蒙字的巨型石碑身上，每一块上都用汉、满、蒙、藏四种文字刻上一篇皇帝的重要文章，篇篇都有极大的史料价值。原因是这些文章的内容全部都是涉及少数民族的，既是记实性的文字，又有政策性的阐述，其离不开的主题宗旨可以归结为“绥

须弥福寿之庙的“智光普照”匾

须弥福寿的“万法宗源”匾

靖荒服，柔怀远人”。安定边疆，安抚地方的人民，“俾之长享乐利，永永无极”，使他们能够安居乐业，永远享受幸福和快乐。

承德带藏字、蒙字的石碑和北京的四体文字巨型御碑不大相同，北京的石碑内容大部分是涉藏的，承德的御碑中涉藏的只有一块，大部分是涉疆、涉蒙的，后者共有八块。所以，此两地的乾隆石碑因所立年代不同，重点也各有侧重。承德的侧重点是西部新疆和蒙古诸部。

上图：普陀宗乘之庙的“慈航普渡”匾
中图：安远庙的“普渡殿”匾
下图：普陀宗乘之庙的“洛迦胜境”匾

细细分析起来，分布在外八庙里五座喇嘛庙中的九块石碑，除去乾隆为承德城隍庙题的碑之外，剩下的八块石碑，如果抹去表面上的缤纷打扮，实际上是讲了五个完整的民族团结故事。

第一个故事是关于土尔扈特蒙古部归顺的故事。

蒙古民族在清朝的时候大致分为三大部：第一部叫漠南蒙古，又称“内蒙古”，在雍正时期已归顺后金；第二部分叫漠北蒙古，又称“外蒙古”，又称“喀尔喀”，它又分为四个部，在康熙期间都正式列入了清朝管辖范围；第三部分叫漠西蒙古，又称“厄鲁特蒙古”，又称“卫拉特蒙古”，分布在新疆西部和新疆以西巴尔喀什湖一带，他们又分为四部，包括准噶尔、杜尔伯特、土尔扈特和硕特四部。其中土尔扈特在最北边。在康熙时期这个漠西蒙古即厄鲁特蒙古问题最大，战乱不断，给西部边疆制造了不少麻烦，是康熙皇帝、雍正皇帝和乾隆皇帝的一桩心事。

说到土尔扈特蒙古，他们是受到其他蒙古部的排挤和欺侮的，当时早在一百年前就被迫远走俄罗斯，到了伏尔加河下游。到了乾隆时期，其首领叫“渥巴锡”，遇到了三个难题：一是俄罗斯要征调他们的子弟去打仗；二是扣了渥巴锡儿子去圣彼得堡当人质；三是要他们改信东正教。在这种形势下，渥巴锡有意摆脱异族、异教的统治，想投奔祖国，坚信喇嘛教。经过一番秘密策划，突然做出坚壁清野的决定，举族东归。走了八个月，历尽千辛万苦，行程一万多里，到了新疆伊犁边界，16.9万人只剩下7万多，而且个个衣衫褴褛，贫病交加。这就是历史上有名的土尔扈特东归故事，近年已被拍成电视作品。但这只是上篇，下篇是他们回归后命运究竟如何？事实是乾隆皇帝一直时刻在关心这些蒙古人的命运，没有一刻休息，并为他们的归顺感到由衷高兴。此时期朝廷内部对如何对待这些回归者颇有分歧，有人持怀疑态度，有人存有戒心，结果，乾隆力排众议，坚决主张立即热情接待他们，说这不是“归降”，而是“归顺”。乾隆一连下了一系列圣旨优恤这些蒙古人，让各地官员出钱、出牛羊、出地、出皮衣、出茶叶、出粮食来接济归来者，结果累计花费了二十万两银子。乾隆还大规模封官晋爵，召渥巴锡等首领前来承德加封领赏。总之，一切都做得十分详细周到，毫无吝啬之意。他认为只有这样，才能换得蒙古人的忠诚，才能赢得永久的安宁。

所有这一切，都被乾隆皇帝如实地写在三篇文章里，

这是发生在乾隆三十六年（1771）的事。本来，普陀宗乘之庙是为庆祝乾隆母亲八十大寿而建的，又巧逢他本人六十岁，实属国之大庆，到完工时，正好赶上土尔扈特部归顺，其首领来到承德，实属难得，应了佛法的因果报应，值得大书一笔，于是不仅有了《普陀宗乘之庙碑记》，还有了《土尔扈特全部归顺记》和《优恤土尔扈特部众记》两块石碑，加起来一共三块，都立在普陀宗

普陀宗乘之庙御碑亭

乘之庙中的御碑亭里。

无独有偶，在乾隆三十年（1765），即六年之前，还发生了一件在承德重建伊犁固尔扎庙的盛事，也值得一记。固尔扎庙是新疆伊犁河北岸的一座著名的喇嘛庙，大殿高三层，围墙长达一里多，是漠西蒙古的五大寺院喇嘛轮流来此念经的圣地。可惜毁于战火，成了一堆灰烬，不能恢复。乾隆皇帝考虑到承德已经成为每年木兰秋狝和诸藩朝拜之地，不如把固尔扎庙重建于承德，起名“安远”，取“安定远方”之意。恰好有一支叫“达什达瓦部”的蒙古人迁来承德居住，正好可以和其他来朝见皇帝的部族首领一起参加落成大典，并用步踏宗教仪式来庆贺，这样就有了《安远庙瞻礼书事（有序）》石碑。这是一块卧碑，也是四种文体的，立在承德外八庙的安远庙里。

乾隆《安远庙瞻礼书事（有序）》碑（汉、满文）

乾隆《安远庙瞻礼书事（有序）》碑（蒙、藏文）

外八庙的普宁寺是目前承德唯一有喇嘛正式做佛事的大庙，它是仿一千多年前建于西藏的最古老的喇嘛寺三摩耶庙的样子修建的。这种样子的大庙乾隆皇帝在北京也建了一座，即北京颐和园万寿山后山上的香岩宗印之阁，可惜后来毁于英法联军之手，已成废墟。2009年夏，经数次考察之后我写成文章，并提出在北京重修此庙，结果得到了中央领导同意和批复，目前已经开始启动。此次，我去承德，首先就走访了普宁寺，倍感亲切，可找到了在北京重建香岩宗印之阁的“活样板”，特别是阅览了立在御碑亭中的大石碑《普宁寺碑文》，更明白了当初乾隆皇帝的苦心。

立这块石碑是在乾隆二十二年（1757），起因是平叛准噶尔暴乱。这就是第三个故事。

围绕着第三个故事，乾隆皇帝也立了三块石碑，都在普宁寺的大御碑亭里，也都是用四种文字刻的，一大二小，大在中，小分立东西。大的叫《普宁寺碑》（1755年），小的分别叫《平定准噶尔铭伊犁之碑》（1755年）和《平定准噶尔后勒铭伊犁之碑》（1758年）。

普宁寺乾隆《平定准噶尔后
勒铭伊犁之碑》(左)

普宁寺乾隆《平定准噶尔后
勒铭伊犁之碑》(右)

普宁寺碑文及普宁寺碑文偈言

如前所述，在漠西蒙古人的四个部中准噶尔部是最强悍的一支，原游居于伊犁河流域，后来向哈萨克和柯尔克孜地区扩展，经过无数次争战，取得了统治地位，建立了准噶尔汗国。康熙皇帝在1697年之间曾三次亲征准噶尔首领噶尔丹，取得了胜利，收复了伊犁，正式确定了中国西部本土的范围。隔了70年，准噶尔首领达瓦齐又作乱。他无恶不作，横行霸道，搞得鸡犬不宁，民不聊生。乾隆皇帝于1755年派大军征讨，生擒了达瓦齐，统一了大西北。为了纪念这次胜利和企盼边疆的安宁，乾隆决定在承德修建普宁寺。三年后，准噶尔部的阿睦尔撒纳又发动叛乱，乾隆再次派大军征讨，终于获得彻底胜利，结束了准噶尔长期割剧新疆的局面，各民族过上了和平安宁的日子。乾隆皇帝在碑上语重心长地写到，今后当用怀柔方略，“潜移默运”，以期人心在不知不觉中起变化，都心向中央。

平定准噶尔之后，承德又迎来了第四个故事。有一次，乾隆皇帝询问章嘉国师，怎样才能满足内外蒙古、新疆等地的少数民族有个地方瞻仰，发扬肃穆虔恭之心，从而不生二心呢？章嘉国师说，根据《大藏经》记载，有一

个上乐王佛，常向东讲经，普度众生。这座建筑要正对东面的磬锤峰，前面多设几道大门，后面建一座高台，上有大殿和佛龛，人们到此会有一种敬慕喜悦之心，而产生皈依佛法的愿望，并在美好的环境中生活和游玩，得到无法用语言形容的快乐。乾隆皇帝采纳了这个建议，就在普宁寺和安远庙之间的空地上建了一座大庙，取名“普乐寺”。这座庙的主佛便是上乐王佛，俗称密宗的“欢喜佛”。乾隆皇帝写了一篇《普乐寺碑记》，用四种文体刻在石碑上，并用范仲淹《岳阳楼记》中的“先天下之忧而忧，后天下之乐而乐”来自勉。这是发生在乾隆三十二年（1767）的事。

和普乐寺相对的磬锤山远景

最后一个故事发生在乾隆四十六年，即1780年，乾隆七十大寿的时候。这一年西藏班禅六世自动前来为皇帝祝寿，乾隆大为感动，特地在承德和北京同时为六世班禅修建了两座行宫，承德的这座叫“须弥福寿之庙”，北京的那座叫“昭庙”，而且分别写了《须弥福寿之庙碑记》和《昭庙六韵》，也都是用汉、满、蒙、藏四种文体来表述的，“上以扬历代致治保邦之谟烈，下以答列藩倾心化之悃忱。”说到底，这两块石碑上的文和诗是政治性非常强的安邦立国的宣言，在团结西藏上是两件有划时代意义的不朽文件，具有深远意义。

乾隆《普乐寺碑记》（蒙文）

乾隆《须弥福寿之庙碑记》（汉、满文）

如果说，外八庙中这五座有强烈民族特色的寺庙是一曲华丽的大合唱的话，那么，这五座皇家寺庙中的11块带四种文字的石碑，就是这个大合唱段落之间的诗篇和独白了，有高屋建瓴、一语道破之功。

宝贝啊，宝贝，国之瑰宝，不可不知，不可不看！而且应该在此基础上认真做一些思考，派生出某些战略的主张；当然，这已是下一篇文章的内容了，就此打住。

围场的石碑、草原、森林

我的承德探访分为两段：头一段是避暑山庄和外八庙，第二段是围场。中间相隔了一个月。两段的重点都是石碑，顺带考察藏式建筑和坝上的草原与森林。

一、七块石碑

从文献上知道，围场还有七块清朝皇帝的石碑。到了围场才知道，寻找这七块石碑却是一件非常困难的事，原因是围场面积很大，占地一万平方公里，差不多是国土的千分之一，石碑分布不集中，要跑许多路。其次，这些石碑全立在荒郊野外，上不着村下不着店，甚至没有道路可走，绝不是一般意义上的观光点。所以，要寻访这些石碑一定要有内行的向导指引，当然，还要有在野外走长路的思想准备。

围场的石刻共八处，分为两类：一是石碑，共七块；二是摩崖石刻，有一处。

围场石刻的内容和北京市、承德市的御碑石刻内容明显不同，此地涉藏、涉疆、涉蒙的政治内容比较少了，大部分是涉及木兰秋狝本身的；当然木兰秋狝并不是狩猎游戏，它的政治性、军事性和统战性也是十分强烈的。

细分起来，这八块石刻大体是四个内容：一是乾隆皇帝的诗，其中有不少是描写当时的政治形势的，特别是有关边疆战事的；二是关于木兰秋狝的，涉及其制度、组织、作用乃至地形、自然景色的描述；三是关于狩猎的内容，主要有射虎、射鹿的故事；四是关于古长城的记述。

在第一组里，有三首乾隆诗是特别值得一提的。它们是描述发生在新疆的战事的，这是乾隆二十四年至二十五年，即1759～1760年的事情。

我曾在自己的《塞外胜境承德》一文中提到过新疆蒙古人准噶尔首领噶尔丹、达瓦齐、阿睦尔撒纳三个人的名字。他们分别在1697年、1755年和1758年作乱，结果分别被康熙皇帝、乾隆皇帝平定，彻底结束了准噶尔长期割剧新疆的局面。在这三次叛乱中维吾尔人也受到牵连，命运起伏，尤其是他们的首领。一开始是回部（维吾尔族）的黑山派得势，同族白山派逃入天山北路请求噶尔丹援助，噶尔丹乘机于1678年出兵占领了南疆，并把维吾尔首领阿布都实特扣在伊犁当人质。康熙皇帝三次出兵打败噶尔丹，解救了阿布都实特，把他请到北京，优礼款待之后，送他到叶尔羌管理南疆。他儿子继位后不久，准噶尔汗再次偷袭叶尔羌，又将阿布都实特的继承人抓到伊犁当人质，还令后者的两个儿子，一个叫布拉尼敦，一个叫霍集占，率领几千人在伊犁种田劳作。到乾隆二十年（1755），乾隆皇帝平定了准噶尔叛乱之后，生擒了准噶尔汗达瓦齐，解救了维吾尔人，将老大布拉尼敦送回叶尔羌统领南疆，令老二霍集占在伊犁管理维吾尔事务。不久，1757年，准噶尔的阿睦尔撒纳又作乱，霍集占参与了这次叛乱。乾隆皇帝再次派大军平定，霍集占逃往南疆，并串通布拉尼敦叛乱，企图自立。1758年清军出兵占领库车，1759年，清军分别从乌什攻占喀什噶尔，从和田攻占叶尔羌，布拉尼敦、霍集占分别弃城出逃入山，后被巴达克山部擒杀献给清军。至此，维吾尔族分裂割据局面彻底结束。

1759年秋季，乾隆皇帝在承德围场行猎，正值新疆

战事节节胜利，得知生擒布拉尼敦和霍集占，先后写诗五首，其中有两首直接和此次战事有关。第二年，即1760年乾隆皇帝又来围场，见景生情，再写一首。这六首诗后来被刻在一块石碑上，连同1751年写的九首，刻成《于木兰作诗碑》。碑分四面，正面刻九首，背面刻四首，左侧刻一首，右侧刻一首，共刻十五首，全部汉文，为乾隆手书，没有满、蒙、藏文，这是这块碑和其他碑的不同点，是唯一全汉文的。此碑立在今日河北隆化县境内，挨着承德市，原属于围场境内。

下面是此石碑上乾隆诗作中和此次新疆平乱战役直接有关的诗句，共三处。

第一处：

廿围倏蒇事，
二竖待成擒。
贞符如卜克，
愿即递佳音。

（大意是：二十天秋行将过去，
两个小子即将就擒。
问卜战果预示即将攻克，

但愿捷报真的很快传来。)

摘自乾隆作《过卜克达坂》，刻于碑左侧，作于1759年9月上旬。

第二处：

卜克诚然协瑞符，

新疆田牧创长图。

尔时原未废游猎，

临大事当有若无。

(卜问果真应了吉祥的捷报，

开创新疆农牧光明前程，

那时并未停止秋般活动，

遇到大事胸中镇定自如。)

摘自乾隆作《过卜克岭行围即景》四首之四，刻于碑阴，作于1759年秋。

第三处：

果协贞符吉，旧岁九月初过此，有“贞符如卜克，愿即递佳音”之句，回銮未逾月，捷报果至。早传逆贼擒。”

(大意是：果然有如问卜的吉言，

很快传来了生擒逆贼的捷报。)

摘自乾隆作《过卜克达攻叠旧岁韵》，刻于碑右侧，作于1760年9月上旬。

由这些诗句可以看出，这块乾隆御碑记载的是非常重要的历史文献，它雄辩地说明：新疆自古就是中国领土不可分割的一部分，任何企图分裂它的事和人都是注定要失败的，必然遭到坚决抵制和反对，绝不会得逞。

乾隆《入崖口有作》碑

历史的经验和教训真是一面很好的镜子，直至今日，这块诗碑都有巨大的借鉴作用。从这个意义上讲，这块御碑是国之大宝，虽然它至今屹立在荒野之中，任凭风吹日晒。它理当受到很好的保护和爱护，因为极有价值。

至于记述木兰秋狝本身的碑，在承德围场一共有两块：一块是早期的，属

永安湃围场殪虎诗碑

于乾隆皇帝，是乾隆十八年写的诗，叫做《入崖口有作》，四种文字；另一块是晚期的，属于嘉庆皇帝，是嘉庆十二年的文章，叫做《木兰记》，有七百字之多，汉满两种文体。两块在时间上相隔57年，差不多占去康、乾、嘉三朝举行秋狝的总时（126年）的一半，好像一个是序，一个是跋。这两块石碑性质相近，涵盖时间长，宛如一头一尾，而且所立地点也相距较近，属同一地点，都在围场的入口处。站在立乾隆《入崖口有作》碑的小山上，远远向对面崖下望去，直线距离两三里开外，在绿色植被之中可以发现嘉庆《木兰记》碑，挺拔而庄重，绝对有一种古文物肃穆的庄严。

这两块石碑在阐述木兰秋狝的意义上口吻是相当一致的，即这种皇家狩猎绝不是单纯的狩猎，而是政治性、军事性、政策性非常强的国家行为，具有实战演习的性质，尤其在民族团结和倡导尚武、保持艰苦风尚方面有不可低估的作用。

具体到狩猎内容的石碑，它们是所有石碑中最生动活泼的，甚至有很大的传奇性，读来饶有趣味。共有三块这样的碑，载四篇作品，都是乾隆皇帝的，其中两件是关于打虎的：《虎神枪记碑》（1752 年）、《永安湃围场殪虎诗碑》（1761 年），两件是关于猎鹿的：《永安湃围场作》（1782 年）、《永安莽喀诗碑》（1774 年）。

《永安湃围场殪虎诗碑》和《永安湃围场作》是刻在一块石碑上的，后者刻在石碑侧面上，这块碑上的文字只有两种，汉、满，不是四种文体。

《虎神枪记碑》最为神奇：乾隆十八年（1753）八月二十日，蒙古人报告有虎，隐在山谷对面半坡上，相隔约三百多步，乾隆皇帝向着山洞的方向放了一枪。这种枪是康熙时代的火器，叫“虎神枪”。原想把虎

虎神枪记碑

乾隆皇帝的《古长城说》碑是最有科学价 值的考证古长城的珍贵文物

赶出山洞，哪知，竟击中了它，受伤的老虎咆哮着跳出山洞，在山崖上蹦跳了好半天，又窜入山洞。乾隆又打一枪，打中了它，把它击毙。这是非常神奇的事，虎隐洞中，皇帝并没有看见它，只是揣磨着无意之中一枪击中，可谓奇之又奇。

目前在山崖洞口的石头上有摩崖石刻，用四种文体注明："乾隆十七年秋狝上用虎神枪殪伏虎于此洞。"

围场中古长城的现状，绵延约十里

十年之后，也是在围场行猎，乾隆皇帝又是一枪击中潜卧在草丛中的一只老虎，周围的蒙古人、维吾尔人都咋舌脱帽，非常钦佩。

乾隆皇帝60岁时骑马迅跑，连发四箭，射中四鹿。70岁时也还能射中跑鹿，一箭中的，可谓身心不老。

最有科学性的石碑是乾隆皇帝的《古长城说》碑，也是一块孤零零立在荒郊野外的大石碑，四种文体，立于1752年，碑的型制和《入崖口有作》碑一模一样。参观这块石碑，目前也要在草丛中和田埂上走很长的路，并无现成的路可通。

原来，在木兰围场行猎过程中，乾隆皇帝发现了一条依山连谷绵延很长的土墙状的遗址，每隔四五十里还有　望台和屯兵设施的残存构筑物。听当地蒙古人和其他少数民族人士说，这是古长城，北起黑龙江，东至辽东，西到新疆沙漠，乾隆查阅了《山海经》和《括地志》，均无记载，但有实物存在，又有口口相传的古朴传说，应该就是秦代修筑的古长城。这里距离明代古北口长城向北推进了六百余里，证明塞外的这方领土自古就已是中国的领土。但乾隆对修长城防御侵略持完全否定态度。

这是一篇极有科学价值的考古文献，对长城这个人类文明伟大工程的渊源、历史、位置、走向的考证有着十分重大的价值，是唯一有文字说明的“长城考”。

归纳起来，我非常欣赏木兰围场的七块石碑，它们是那么与众不同。首先，这是一组在原野中的石碑，断然不同于北京和承德那些立在显赫的皇家园林和皇家寺庙中的，没有那种辉煌的人工背景，而只有身处大自然的反差和强烈对比。这一点，大概找遍世界也仅此一处吧，是稀有中的稀有。其次，恰恰是这一组石碑的存在说明了木兰围场的可贵与独特，如果没有了它们，木兰围场便会大为失色，仿佛没有了标志物。恰恰是这七块石碑说明承德是三位一体的，集离宫、外八庙和木兰围场于一体，它们是一个完整体系的密不可分的三个组成部分，没有这最后一条，没有了那里的狩猎和军事演习，也就没有了承德的全部。再次，这七块石碑说明原来这里是多么美丽，多么富饶，多么野性十足，多么生动活泼，有大量植被，有大量飞鸟，有大量野兽，包括猛兽在内。同时，还有古老的文物，乾隆的《入崖口有作》碑，甚至说围场的风景一点也不比中原、洛水伊河和江南苏

州、杭州的风景差；而今日的围场面貌已大不相同，由地貌到功能都发生了很大变化。不过，幸亏七块石碑命大，还存在，这就为恢复围场的原貌提供了最为有力的依据。按其围场本身的价值，它应该成为首都北京的最大、最好的后花园，有那么可信的基础和雄厚的底子，何乐而不为呢？

七块围场石碑基本上处在坝下的丘陵地带，处于目前承德市和围场坝上风景区这两个旅游热点之间，这恰恰给石碑带来了机遇。

应该在承德市通往围场坝上风景区的路途中开辟七条通往石碑的观光公路，直达各个石碑脚下。每处还要有停车场，便于观光者停车驻足参观。

对碑本身的保护也应该提到日程上来，要修建御碑亭，以利碑体避雨挡雪遮阳。

对每块石碑要设立详尽而科学的解说牌。

要在适当地点建一座木兰围场博物馆，里面有围场的大沙盘，标明“七十二围”的位置和地势，要复制外国传教士和画家绘制的《哨鹿图》、《木兰秋狝图》、《马术图》、《殪虎图》，呈现直观的效果，并用表格、图表、文献详细介绍木兰秋狝的制度、程序、细节，对七块石碑也要有专门的介绍。这个博物馆的建立不光有文博价值，还有现实的社会意义。

对围场中部的王家店温泉要重点开发，此温泉温度高，而且自涌于地表，极具开发潜力。利用得当的话，会有巨大的休闲价值和经济价值，成为一处受欢迎的休养胜地。

这样，或许，围场就变活了。

围场中尚未被利用的地表温泉

二、草原和森林

不论是方位还是地势，乃至内容，承德都是三个层次，最南边是承德市，主要有避暑山庄和外八庙，中间是围场，最北边是坝上风景区。北京在北纬40度，承德在其东北，在北纬41度，围场在承德正北，在北纬42度，坝上在围场正北，在北纬42度半，和内蒙古交界。地势由南向北亦呈三个台阶，北京海拔50米左右，承德和围场海拔400米左右，坝上海拔1000～1700米，一层比一层高，坝上已属蒙古高原。三者距离也差不多均等，北京到承德200公里，承德到围场130公里，围场到坝上80公里，即由承德出发到最北边的坝上也有200公里左右。

坝上，由于地势的关系，完全是另一番景象，南为草原，北为人工森林，面积都很大，是一望无际的绿色大自然。

在北京的紧邻北部，这么近！

更难能可贵的是，这片大自然呈带状，而且呈半圆弧状，像一顶戴在北京头上的帽子，绵延有300公里呢。

这个地方有丰富的水系，是北京市和天津市两大华北城市的主要地表水源。滦河、潮河均发源于此。

而坝上的森林和草原，则成了北京市的第一道防沙、防风的墙。近年来，北京市的沙尘天气逐年减少，蓝天天数直线上升，都和坝上生态环境的良性发展有着最直

塞罕坝森林中国内最大规模的松树林，绵延三百余公里，像一道防沙，防风墙保护着北京城

塞罕坝中的白桦林

接的关系。

应该说，坝上的草原和森林是镶在北京头上的绿色屏障。

承德的水，承德的草，承德的树，是北京宝贵的生命线。

坝上风景区由东向西有着丰富的内容，最东边叫红松洼坝上草原自然保护区，这里还有三四百台巨大的风力发电机，每台装机发电量为1500千瓦，立在那里蔚为壮观，煞是好看，从数量和发电量上已超过丹麦的同行。

最东边的江松洼草原上的风力发电机组也是一道风景线

坝上有鲜花盛开的草原，花色一星期一变

中间的景区叫“塞罕坝森林风景公园”，有国内最大规模的人工林。站在塞罕塔上四下张望，一望无际，全是绿树，直至天际，会给人留下极为震撼的印象。最西边的叫“草原森林风景区”，一半森林，一半草原，和内蒙古多伦市交壤，这里还有红山文化的发祥地、古战场和草原影视基地。

坝上有湿地，有湖泊，有河的源头，有开车连续跑一个小时也看不见头的森林，森林又分白桦林和松树林。松树有落叶松、雪松、樟子松，有鲜花盛开的草原，花色一星期一变，加上蓝天白云，仿佛大自然一切美的要素都

坝上西边是草原森林区，一半是草原，一半是森林

赐给了这里。

其实，这里的土壤资源并不很好，土层很薄，我看了一处土壤剖面，土层也就不到一尺厚，下面全是碎石砾。

坝上森林根部的土层不过一尺厚，20世纪60年代来自全国各地的森林工作者用科学的方法愣是种植了上亿株树苗

20世纪60年代来自全国各地的300多名优秀的林业工作者，在这里常年埋头苦干，硬是用科学的机械方法植活了上亿株树苗，如今已长成树龄50年的大森林。看得出，它是人工林，因为树长得很整齐，很有序，令人打心底产生敬佩。

我到过内蒙古的呼伦贝尔大草原，也到过新疆天山的草原和青海的大草原，相比之下，承德坝上的草原不愧是国内最好、最漂亮的草原之一，是名列前茅的。这要归功于近些年的“退牧还草”政策。

以前，这里的草有一人多高，人走进去，不见其头。那时，以将军泡为例，牛不过一万头、羊不过三千只。后来，出于经济利益的考虑，还是这块地，一下子放牧到几十万头，把草根都全部啃光了。一只老鼠跑过，竟然可以掀起一溜尘烟。“退牧还草”政策出台之后，牲畜只能圈养，草原得到了休养生息的机会，草又慢慢长出了，

远处是著名的红山文化诞生地

长高了。现在，将军泡湿地中的草可以高到二尺!一般，坝上草原的草也有半尺了，教人感到欣慰。一眼望去，绿色尽收眼底。当然，放牧总量还有待进一步降低，草还需要长得更高。而且，不管是为了改善局部生态环境，还是从大局出发，有利于减缓地球升温趋势，恐怕都需要出笼一个更加完备的草原政策。

将军泡湿地坝上的草已恢复到两尺高

地球母亲，大自然，是需要人类关爱的，而不能只是单方的索取，承德坝上的教训和经验完全说明了这一点。它的森林，它的草原，正好是正反两方面的好教材。

我喜欢坝上的树，和草，和花，它们让我感动，让我流连忘返，我爱它们。我以为那里是天下最美的地方。

图书在版编目（CIP）数据

见证亲密：纪北京承德两市带藏文的石碑和藏式建筑 / 舒乙著．— 北京：民族出版社，2011.6

ISBN 978-7-105-11578-5

Ⅰ．①见… Ⅱ．①舒… Ⅲ．①藏族—建筑艺术—北京市—清代 ②藏族—建筑艺术—承德市—清代 Ⅳ．①TU-862

中国版本图书馆 CIP 数据核字（2011）第 119688 号

策划编辑：覃代伦
责任编辑：于玉莲
装帧设计：吾　要
出版发行：民族出版社
地　　址：北京市和平里北街 14 号
邮　　编：100013
电　　话：010—64271909（汉文一室）
　　　　　010—64224782（发行部）
网　　址：http://www.mzpub.com
印　　刷：北京中艺彩印包装有限公司
经　　销：各地新华书店
版　　次：2011 年 8 月第 1 版　2015 年 10 月北京第 2 次印刷
开　　本：787 × 1092 毫米　1/16
字　　数：65 千字
印　　张：9
定　　价：40.00 元
书　　号：ISBN 978-7-105-11578-5/T · 28（汉 19）
